听伯伯讲
银杏的故事

主编 曹福亮

绘画 卫 欣等

中国林业出版社

图书在版编目（CIP）数据

听伯伯讲银杏的故事／曹福亮主编.—北京：中国林业
出版社，2009.11
ISBN 978-7-5038-5521-4

I．听… II．曹… III．银杏－少年读物 IV.S664.3-49

中国版本图书馆CIP数据核字（2009）第197360号

出　版　中国林业出版社（100009
　　　　　北京西城区德内大街刘海胡同7号）
网　址：http://lycb.forestry.gov.cn/
E-mail：cfphz@public.bta.net.cn
电　话：(010) 83224477
发　行：新华书店
印　刷：北京中科印刷有限公司
版　次：2009年11月第1版
印　次：2013年10月第2次
印　数：5001～10000
开　本：787mm×960mm　1/12
印　张：10.5
字　数：50千字
定　价：20.00元

银杏科 – 银杏 Ginkgo biloba L.

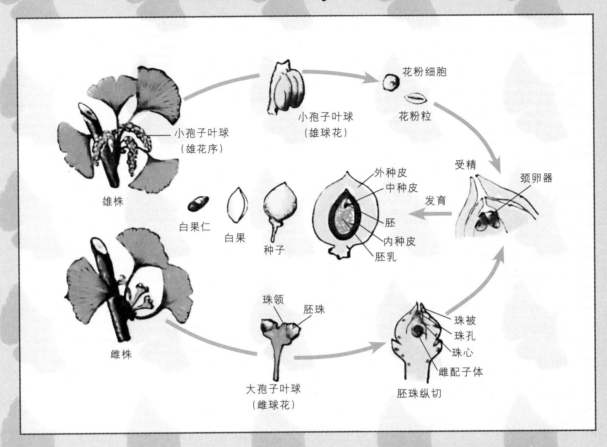

小孢子叶球
（雄球花）

花粉细胞

花粉粒

受精

颈卵器

小孢子叶球
（雄花序）

雄株

外种皮
中种皮

发育

胚
内种皮
胚乳

白果仁

白果

种子

珠领

胚珠

珠被
珠孔
珠心
雌配子体

雌株

大孢子叶球
（雌球花）

胚珠纵切

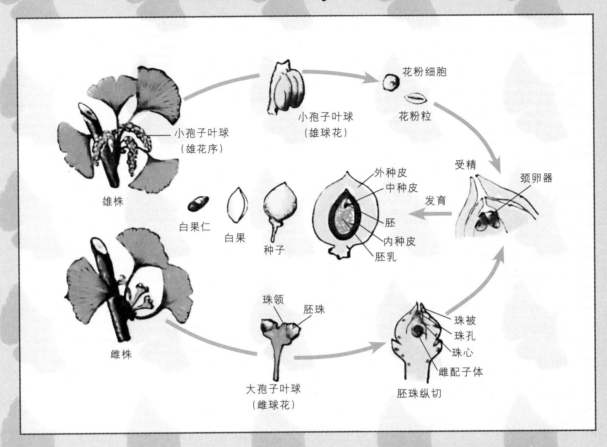

■ 银杏树，真伟大，

□ 原子辐射摧不垮。

□ 植物专家育新苗，

□ 老树年年开新花。

Listen to Uncle's Introduction
to Ginkgo

■ 定林古寺擎天柱，

□ 天下第一银杏树。

□ 枝繁叶茂腰杆粗，

□ 十个童子围不住。

Listen to Uncle's Introduction
to Ginkgo

■ 秋风起，叶儿黄，

□ 城里城外闪金光。

□ 通天树冠好威风，

□ 银杏装扮我家乡。

Listen to Uncle's Introduction
to Ginkgo

■ 大恐龙，高银杏，

□ 洪荒年代都旺盛。

□ 远古人类诞生时，

□ 不见恐龙见银杏。

编著者的话

　　我记得，小时候家乡村头有一棵大银杏树，树干又粗又直，树冠像一把大伞，它究竟有多大年龄呢，没有人知道。每年银杏树都结出很多白果，我们常常用火烤着吃，清香细嫩，令人垂涎。上大学接触到银杏后，我渐渐入了迷，后来竟然把研究重点放在了银杏上。对银杏了解越多也就越喜爱它，研究越深也就越敬畏它。经过多年的研究积累，我先后出版了《中国银杏》、《中国银杏志》和《银杏》（画册）等书籍。如今，我越想越觉得有必要在这些书的基础上，再出一本图文并茂的有关银杏的少儿科普读物，与可爱的小朋友们一起，分享其中的科学知识和无穷乐趣。于是，就有了创作《听伯伯讲银杏的故事》的构想。

　　10多年来，我们组织了30多位林学、绘画、儿童文学创作等方面的专家学者，在充分凝炼《中国银杏》、《中国银杏志》、《银杏》（画册）等著作中重要科学知识的基础上，借助儿歌、故事、漫画、照片等四种原始创新素材，以知识漫画为理念，寓科普知识于漫画故事，力图在趣味中引导孩子热爱科学、热爱大自然。

　　这本书凝聚了每一位编委的辛勤劳动，有时为了说清楚某一个故事所含的知识点，作者不惜易稿数次。特别是卫欣老师和他的助手们，为给每个故事绘出富有童趣的插图，反复琢磨，不知熬过多少个不眠之夜。我想，他们也和我一样，能为小朋友们认识银杏、热爱银杏做一些事儿，就心满意足了。

　　亲爱的小朋友们，我相信，当你们读过这些故事以后，也一定会渐渐地喜爱上银杏，喜爱上这个神奇的朋友的。

曹福亮

2009年8月20日于南京

CONTENTS

引言 /1

Part one
银杏美丽名字的由来

1 "公孙树"的传说 /2

2 趣谈银杏名称的由来 /4

Part two

银杏是人们心中神奇的树种

3 天下第一银杏树 /6

4 "白秀才"银杏树 /8

5 诗礼银杏 /10

6 乾隆题诗"银杏王" /12

7 都江堰"张松银杏" /14

8 惠济寺"女儿树" /16

9 "五代同堂"银杏树 /18

3 Part three

银杏从诗画的王国中走来

10 《洛神赋图》中的银杏 /20

11 古墓砖画中的银杏 /22

12 徐悲鸿笔下《银杏树》/24

13 尹瘦石作画《乡情》/26

14 唐宗圣观遗址银杏图 /28

15 郭沫若钟爱银杏树 /30

16 歌德与银杏 /32

Part four 4

银杏是恐龙的朋友

17 银杏是恐龙的朋友 /34

18 破解"化石"密语 /36

19 寻找缺失的链环 /38

20 热河生物群落复原图 /40

5

Part five

银杏婀娜的身躯充满了奥秘

21	帝王树与配王树 /42
22	罕见的"夫妻树" /44
23	风做媒助结银杏果 /46
24	花粉中有能游动的"精子" /49
25	叶籽银杏 /52
26	迷阵般的银杏树根 /54
27	银杏树奶 /56
28	原子弹银杏树 /58
29	蚂蚁不上银杏树 /60

Part six

6

银杏浑身藏满了宝贝

30	餐桌上的银杏果 /62
31	银杏叶中藏着宝 /64
32	银杏叶——牲畜好饲料 /66
33	千年不变的银杏木雕 /68
34	银杏活性炭 /70
35	银杏空芯刨花板 /72

7 *Part seven*

银杏跨洋过海走天涯

Part eight 8

银杏不朽的精神与天地同在

36	丹东百年银杏大道 /74
37	海洋乡银杏秋色 /76
38	古银杏国家森林公园 /78
39	长寿之乡话银杏 /80
40	遍布首都的银杏 /82
41	中山陵的银杏 /85
42	南京的银杏路 /87
43	银杏走向西方 /89
44	"国礼"银杏 /91
45	日本、韩国特别喜爱银杏 /93

46	银杏的品种 /95
47	收集银杏基因 /97
48	银杏克隆 /100
49	新时代的银杏礼赞 /102
50	银杏是中国国树的备选树 /105
	后记 /108

引　言

　　亲爱的小朋友，你知道吗，地球上大约生活着 50 万种形形色色的植物。在这个植物世界里，有着说不完的神秘有趣的故事呢。

　　其中，有一种树，植物学家称它为"活化石"、植物界的"大熊猫"，而自古以来，老百姓亲切地叫它"公孙树""鸭脚"……

　　如今，更有许许多多的人喜爱它，赞颂它，把它推选为县树、市树、省树，还积极提议，要把它作为中国的国树呢。

　　"啊，这样神奇，这样伟大，这种树到底是什么样的树呢？"

　　有一位喜爱刨根问底的小朋友，名叫小金果，他对这种树产生了浓厚的兴趣，大脑里充满了许多这样那样的问题。他的伯伯是植物学专家，专门从事这种树的研究工作。为了探寻这种树的奥秘，小金果跟着伯伯，一起前往古生物博物馆、实验室、乡村田园、山川名胜……去寻找隐藏在其中的答案。

　　亲爱的小朋友们，让我们一起打开这本书，跟随着伯伯和小金果一起出发吧！

"公孙树"的传说

丰硕的银杏果实

秋风送爽，小金果跟着伯伯来到一棵枝繁叶茂的大树下。伯伯说："你要认识的这种神奇的植物，就是它，它的名字叫银杏。"

银杏树青黄色的叶丛中藏着一嘟一嘟的小青果，小金果看着，直咽口水。

"想吃了吧？银杏的果实，人们叫它白果。"伯伯说，"人们尊重银杏树，称它为'公孙树'，你知道为什么吗？"

"我知道我知道。一个人小时候种下银杏树，等到当了爷爷时，才能吃到白果，所以叫它公孙树，对吗？"

"哈哈，不错。银杏从种子发芽，到最初开花结果，一般需要20年左右。从这以后，银杏树每年结果，可以持续几百年，甚至上千年呢。"

"哦，原来如此，这就叫'前人栽树，后人吃果'吧。"

"这样长的时间才结果，怎能满足人们的需要呢？现在科学家通过嫁接技术，让银杏树生长5到10年就开始结果，大大缩短了时间，就可以满足人们的需求啦。"

"这下再把银杏树叫'公孙树',可就名不副实啦。"

"也不见得。人们称它'公孙树',还有一层意思。传说中华民族祖先轩辕氏复姓公孙,是我国上古时期的一位著名的部落联盟首领。人们认为,银杏树的寿命比中国有文字记载的历史还要长,因此称它'公孙树'。"

趣谈银杏名称的由来

长兴古银杏长廊

小金果跟着伯伯来到浙江长兴。长兴有一条10千米的古银杏长廊，远近闻名，生长着3万多株银杏树。

小金果与伯伯坐着汽车穿行在银杏林中，尽情地呼吸着清鲜的空气。

小金果第一次看到成片的古银杏树，新奇地问起伯伯："银杏这个名字真好听，是谁起的呢？"

伯伯告诉小金果说："根据民间传说，'银杏'这个名字就是来自长兴这个地方呢。银杏树的叶子跟鸭子的脚掌长得很相似，在宋代以前，这里的人就把银杏树称作'鸭脚'。"接着，伯伯兴致勃勃地讲了一段民间故事。

南宋某年10月，著名战将张俊，摆下了我国历史上最大的筵席，宴请宋高宗赵构。酒宴送上的第二道菜，就是长兴的"鸭脚"果。赵构品尝后，大为赞赏，便问这是什么果实。张俊觉得"鸭脚"的名称不雅，担心说出来败坏皇帝的雅兴，急中生智，回答说，此果在民间奉为"金秋圣果"，名为"银杏"。赵构听了非常高兴，当即赏赐千金。从此"鸭脚"改称"银杏"，一时间成为献给皇上的珍品。"银杏"这一名字便在大江南北流传开来，成为正式的树种名称，一直沿用至今。

天下第一银杏树

浮来山定林寺"天下第一银杏树"

　　山东莒县浮来山的定林寺，建于南北朝时期，距现在已有 1500 多年的历史了。小金果跟着伯伯走进寺内，看到了"天下第一银杏树"。古木参天，遮天蔽日，海内外许多游客，停留在大树旁观赏。小金果问伯伯："天下那么多银杏树，为什么偏偏称它为天下第一银杏呢？"

　　伯伯告诉小金果，人们称这棵树为"天下第一"，主要是指这棵树的年龄。春秋时期的《左传》就记载了这棵树，书上说，莒国的国君莒子和鲁国的国君鲁侯，在这棵银杏树下，品茶交谈，结下了深厚的友谊。虽然书上没有记载这棵银杏树确切的年龄，但从书上记载可以推断出，这棵树距现在已经有 3500 ～ 4000 年了，算得上是全球古银杏的元老。寺内有许多碑刻与它有关。

所以，无论从年龄还是历史文化来说，它都是当之无愧的天下第一。

这时，有八九位小朋友跑过来，手牵着手，将银杏树围了起来，一边转圈，一边唱起了童谣："定林寺里大白果，树头安着八仙桌。八仙桌，坐八仙，八个孩童来回窜。你献茶，他端菜，来来去去互不碍。"小金果看着有趣，也高高兴兴地和他们玩了起来。

"白秀才"银杏树

福泉"白秀才"银杏树

为了探寻银杏的奥秘，小金果跟伯伯来到贵州省福泉市李家湾村。村里有一棵银杏树，村民叫它"白秀才"。这棵树估计有3000多岁了，奇就奇在它的腹部有一个大的空洞，将树分离出三分之一，两边仍然枝叶茂盛，浓阴覆地。真是"世界之大，无奇不有"。

一位老人给小金果讲了个故事。唐代时，村上有位姓白的秀才。他高中状元以后惩恶扬善，保护老百姓，后来受到奸人陷害，含冤死去。老百姓将他安葬。不久墓中就奇迹般地长出这棵银杏树来。为了纪念他，大伙都叫它"白秀才"树。

不知过了多久，这棵树被雷电击中，烧去了树心，胸腹中形成一个直径3.5米的大空洞。曾经有一个贫穷的农户居住在里面，冬暖夏凉，生活了好长时间。还有一户村民在这个树洞内圈养过3头水牛呢。真是奇闻大观，"白秀才"树也因此名声远扬。

小金果和伯伯站在树洞中，他问伯伯："这棵树分离出了这么大的空洞，为什么没有死去，反而生长得很旺盛呢？"

伯伯告诉小金果说："其中的秘密就藏在树皮里啊。树皮里有一圈活细胞，紧靠树皮，叫形成层。它能不断生长，每年使年轮增加一圈。大树只要树皮没有坏死，即使中间部分被蛀空、烂空，树木也能正常地活下去。"

小金果恍然大悟："这么说，割断树皮，树就不能成活啦。"伯伯点点头。

诗礼银杏

曲阜孔庙"诗礼银杏"

在山东曲阜，小金果听伯伯说起"诗礼银杏"这道菜。曲阜孔庙是后人为了纪念孔子，以孔子故居为庙，历代不断扩建而成的庙宇。

小金果跟着伯伯，沿着孔庙东路经过承圣门，就看到了诗礼堂。诗礼堂前有两株银杏，一雌一雄，高大雄伟，相传为宋朝时种植。

伯伯说："据说孔子在诗礼堂教他儿子孔鲤学习诗词和礼仪。后人祭祀孔子也在这儿演习礼乐。诗和礼都是孔子教育学生的重要内容呢。这两株银杏深受诗礼熏陶。你看，殿东侧的那棵是雄树，憨厚恭立。西侧那棵是雌树，每年都硕果累累，旁边萌生5株小银杏，所以又被人称作'五女守母'。"

"哦，这两棵银杏树看起来真的很谦卑恭敬呀，这么多年来受到诗礼熏陶，朴实无华，一定是好学生。"小金果不禁肃然起敬。

"那当然喽！告诉你，孔府宴中有一道特有的传统菜，叫作'诗礼银杏'，原料就是这棵雌株的果实噢。"
伯伯讲得绘声绘色，都让小金果嘴馋了呢!

乾隆题诗"银杏王"

乾隆皇帝为大觉寺银杏王题诗石刻

小金果和伯伯来到了北京西郊的大觉寺。

伯伯指着一棵大银杏树,说:"看,那就是'银杏王',银杏中的皇帝噢。"小金果一眼看去,那棵树真高大啊,六七个人伸开胳膊都抱不过来。

"这棵'银杏王'已经1000多岁了,有30多米高。清朝时,乾隆皇帝巡游到这里,看到了它的雄姿,十分惊叹,兴致勃勃地题了一首诗:古柯不计数人围,叶茂孙枝绿荫肥;世外沧桑阅如幻,开山大定记依稀。意思就是这棵银杏树粗壮茂盛,很有历史意义。"伯伯像位导游,细细地讲给小金果听。

"哇,不愧是'白果王'啊,皇帝都佩服得题诗啦!"

小金果想起一个问题:"伯伯,我们去过很多寺院,为什么都有古银杏啊?"

"因为银杏呀,是佛教中的圣树,它历经沧桑仍然

沉静古朴，展现出超
凡脱俗的气质，所以，
出家僧人建寺时就会
种上银杏。有的地方寺
院被毁，银杏树还屹然
挺立。"

"哦，原来是这样。
皇帝题诗，是因为他也
想像银杏树一样长生
不老呀！"小金果说
完，咯咯咯地笑起来。

不愧是"银杏王"啊！

它1000多岁了，乾隆
皇帝都为它题过诗呢。

都江堰"张松银杏"

都江堰张松银杏

伯伯带小金果走进都江堰的离堆古园，说园中有棵1700多年的银杏。古园依山傍水，古树名木众多。小金果一会儿就看到了那棵备受保护的古银杏树。

伯伯说，三国时期有个官员名叫张松，他把西川地图暗中送给刘备，为建立蜀国立下功劳。这棵银杏就是当年张松亲手栽种，所以叫"张松银杏"。

小金果细细地观察"张松银杏"，只见它树干粗壮，英姿勃发，浓阴蔽日，枝叶青翠。站在树下，小小年纪的小金果也不禁浮想联翩：饱经风霜的树干经历了多少风云变幻；树叶绿了又黄、黄了又绿，记载了多少历史传奇……

伯伯带小金果参观了古园里的巨型银杏盆景，一盆盆银杏千姿百态、造型各异，令人啧啧称赞。伯伯说，银杏因为抗性强、耐瘠薄、韧性强、寿命长、树姿优美，是四川盆景的重要树种，享有"立体的画，无声的诗"的美称呢。

惠济寺 "女儿树"

惠济寺"女儿树"

南京浦口的惠济寺里有三棵堪称稀世珍宝的千年古银杏。

伯伯领着小金果在寺院里参观，边走边说。

"三棵古树都有树名。这棵树龄最长，叫'女儿树'，也叫'千年垂乳'，有1400多年了，得七个成年人才能合抱过来。树龄居中的那棵叫'撑天覆地'，每到夏天，浓密的树阴覆盖地面300多平方米，能供全村人纳凉呢。树龄最轻的叫'雷击复苏'，你看，树干挺直高耸，好像一根擎天柱，挺拔伟岸。"

小金果看见"女儿树"枝条上挂满了红绸条，好奇地问："这是为什么呀？"

伯伯笑着回答："人们非常敬重这三棵树。民间传说'女儿树'很有灵性，凡到树下进香许愿的人家，可得到保佑，生儿育女。据说祈求过的人家有的果真就抱上了孩子。祈愿的人把红绸条挂在树上，满树的红绸条，代表着一颗颗虔诚的心。传说'撑天覆地'能保佑事业兴旺，'雷击复苏'可保佑健康长寿呢。"

"对了，当代大书法家林散之先生十分喜爱故乡的这三棵千年古银杏，还专门作了五百多字的长诗《古银杏行》，来赞美它们呢！"伯伯信口说来，小金果都听得入神了。

"五代同堂"银杏树

天目山"五代同堂"银杏树

浙江省临安市天目山，生长着 200 多株 300 年以上的银杏树，最老的银杏树三个小学生拉着手也抱不过来。小金果这次亲眼看到了这个奇观。

在开山老殿休息时，小金果独自走到殿外，忽然发现，不远处悬崖峭壁上，几棵银杏树郁郁苍苍，傲立蓝天，层层枝叶伸展到峭壁之上。他不禁啧啧赞叹："好大的五棵树呀！"一位老僧人听了，笑着对他说："小朋友，你再仔细看一看，还有更神奇的呢。"原来，这五棵银杏树竟然同属一个根基，是从悬崖绝壁的石缝里长出来的。小金果更加感到惊奇，老僧人说："这棵银杏树可是名副其实的'五代同堂'。你看，伸向南面的两个即将枯萎的大丫枝，称为'太公'；旁边两枝已经老态龙钟，称为'祖父'；在它们上面有几枝强壮的丫枝，称作'父亲'；在下面，还在茁壮成长的那几枝树干，可以称作'儿子'和'孙子'吧。"

小金果脑子里萦绕着许多问题：悬崖峭壁上怎会生长出这株古树？是人们特意种植的吗？但是在至少几千年前，

人们显然没有能力攀援到悬崖峭壁，去种植这棵树。要不就是小鸟嘴里叼着的银杏种子，掉落在悬崖石缝里，长成这棵树？也有可能是银杏种子被动物类，如白果狸食用后，种核随粪便排出，落入石缝里萌发生长的？还有可能是大风吹过来的……

　　见到伯伯后，小金果将自己思考的问题一说，伯伯立刻夸奖他会动脑筋。伯伯接着说："银杏树根部有很强的生命力，常在主树周围长出大小不一的小植株，如果让它自然生长多年，就可能形成'五代同堂''怀中抱子'等奇观。如果切除这些从根上生长出来的小植株，用来繁育苗木，不但节省种子，而且生长快，开花结果也早。"

《洛神赋图》中的银杏

这天，伯伯带小金果参观博物馆。小金果站在一幅古画前，仔细地端详着，看不出个所以然来，却产生许多疑问，要向伯伯请教。

小金果还没开口，伯伯就指着这幅古画，解释说："这幅画的作者是东晋大画家顾恺之，他是根据三国时期大文学家曹植的作品《洛神赋》画的，描绘了曹植从洛阳返回驻地，路过洛水时，在梦中与洛神相遇的感人场面。"

"哦，原来这样。咦，那个神仙身后画的是什么树啊？是银杏吗？"小金果好奇地指着《洛神赋图》的背景，好像发现了新大陆。

"对呀，是银杏树呀，图上大大小小画有200多棵呢。"

"为什么画这么多银杏树呢？"小金果打破砂锅问到底。

"这个嘛，在当时，银杏不仅因为形态美、色彩美而受到人们喜爱，而且作为长寿之树、圣树，也倍受人

《洛神赋图》局部

们推崇。人们常以拥有银杏为尊贵，为荣耀，为华丽，为有品味。所以，《洛神赋图》里把银杏画作皇家园林的景观树，象征着乾坤朗朗，雍容富贵，展现出了尊贵的皇家气派。"伯伯耐心地解释给小金果听。

"嗯，我明白了，银杏树的高贵真是名不虚传啊！"小金果竖起大拇指。

古墓砖画中的银杏

《竹林七贤砖画》局部

在展厅里，江苏丹阳发掘的南朝古墓中的一组砖画，吸引了小金果。

伯伯对小金果说："这件艺术品叫《竹林七贤砖画》，在目前同类砖画中，它规模最大、内涵最多、保存最好，是真正的国宝。"

小金果仔细观察，只见砖画上八个人物栩栩如生，背景是银杏、青松、翠竹、垂柳和山石。其中银杏浓阴如盖，造型飘逸。

"竹林七贤是些什么人呀？背景怎么用银杏啊？"小金果眨着大眼睛问。

伯伯说："竹林七贤呀，是魏晋时期七位很著名的文化人，他们主张不拘世俗，清静无为，开创一代风气。你看，身穿长袍的叫阮籍，裹着头巾的叫山涛，靠着茶几的叫王戎，闭目沉思的叫向秀，看着酒杯的叫刘伶，弹着五弦琴的叫嵇康，脑后飘丝带的叫阮咸，还有那个披着头发的叫荣启期。银杏珍贵高洁，衬托了他们超凡脱俗的品质。"

伯伯又补充说道："砖画是古人用来装饰建筑物的，这让我们还认识到古代艺术家对银杏观赏价值的认可。"小金果听了，对银杏文化价值有了更深的理解。

徐悲鸿笔下《银杏树》

徐悲鸿油画《银杏树》

　　小金果在展厅观赏名画，他拉着伯伯，指着著名画家徐悲鸿的一幅名作说："早就听说徐悲鸿马画得最好，您看，他的青城山《银杏树》也画得非常好。"

　　人说"青城天下幽"，赞美四川成都青城山古树名木随处可见。高大挺拔的古银杏隐逸其中，更显得仙风道骨，让人青睐。

　　"小家伙，口气不小啊！1943年夏天，徐悲鸿带学生到青城山写生。青城山天师洞的古银杏在幽僻的环境中，萌发着蓬勃的生命力，一下激发了徐悲鸿的创作灵感。他欣然命笔，画下了这幅《银杏树》。"伯伯凝望着画说。

　　徐悲鸿的这幅《银杏树》视角独特，蕴涵着感情，画出了银杏的古老道劲和超凡风骨。小金果欣赏这幅画作，也领略了青城山银杏特有的美。

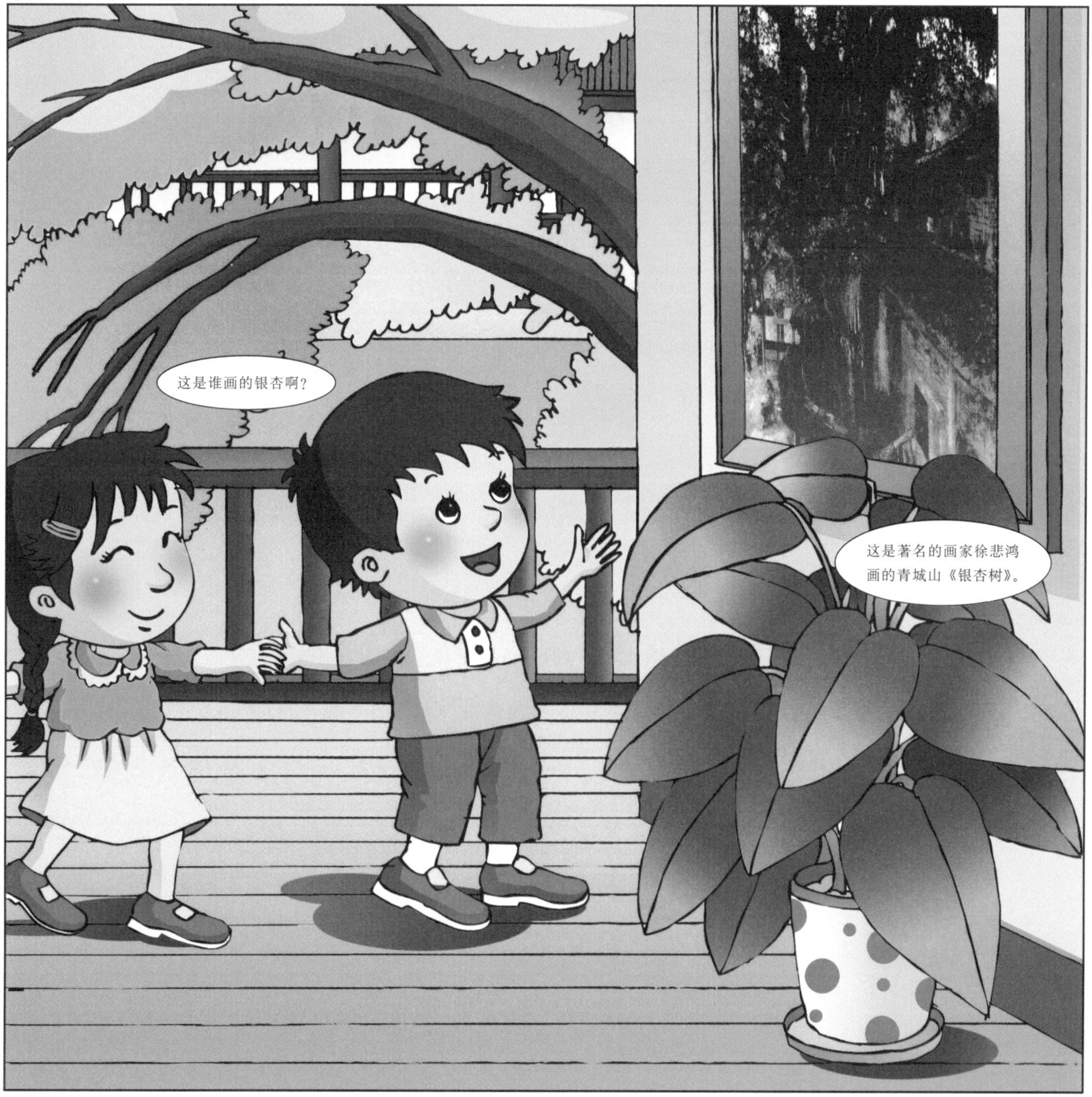
这是谁画的银杏啊？
这是著名的画家徐悲鸿画的青城山《银杏树》。

尹瘦石作画《乡情》

小金果站在一幅画前看了好一会儿了，不知道他又在思考什么问题。

"小专家，你又有什么新发现啊？"伯伯走过来，关切地问。

"您看，这幅画只有一棵银杏树，怎么叫《乡情》呢？"

伯伯听了，笑着说："问得好！这是大画家尹瘦石先生的作品，它在诉说着一个感人的故事。"

"画也能诉说故事？"小金果感到好奇，顿时来了精神。

"是呀。尹瘦石先生的家乡在江苏宜兴周铁桥镇，镇上有棵古银杏。尹先生小时候和小伙伴经常爬树摘果，在树下玩耍，对这棵树充满了感情。18岁那年正值抗战爆发，尹先生被迫远离家乡，逃难谋生，几十年间历经磨难。然而，无论在哪里，他的思乡之情都有增无减。1986年，相隔50年，他终于回到了阔别已久的故乡，终于回到了魂牵梦绕的古银杏旁，心潮激荡，创作了这幅《乡情》。一棵银杏树抒发了无限的思乡之情。"伯伯娓娓道来，充满了真诚与敬意。

画中茂盛挺拔的古银杏，正值生命的辉煌期，预示着尹先生重回故里，又焕发了艺术生命的青春。

唐宗圣观遗址银杏图

传说中的老子手植银杏

小金果站在一幅画前，看来看去，怎么也不理解图上画的是一棵怎样的银杏树，只好请教伯伯。

伯伯说："这幅画叫《唐宗圣观遗址银杏图》，是大画家谢稚柳先生晚年记游性书画的代表作。1982年谢大画家到西安游览完兵马俑后，来到了唐宗圣观遗址。遗址内有株唐代银杏，至今已有1600多年，前些年前遭火焚，只剩下中空的两段。如今枯木逢春发出了绿叶，中空处长出了新苗。谢先生触景生情，感到这是文化复兴与繁荣的好兆头。回到上海后，他特意以老树为题创作了这幅画。"

"哦，唐宗圣观遗址是什么地方呀？"小金果又有了新问题。

"唐宗圣观遗址原来叫楼观，在陕西省周至县境内，传说是老子写《道德经》的地方，被称为'天下第一福地'。唐朝时改名为宗圣观。"

郭沫若钟爱银杏树

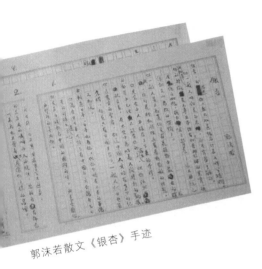

郭沫若散文《银杏》手迹

伯伯领着小金果参观郭沫若故居。院里生长着10棵茂盛的银杏树。

伯伯对小金果说："郭沫若先生一生钟爱银杏，和银杏为伴。抗日战争时期，郭沫若住在重庆赖家桥，茅草屋前有一棵银杏，陪伴他完成了几部名著的书稿。

"1942年5月，郭沫若写下了散文《银杏》。他是这样称赞银杏的：'你这东方的圣者，你这中国人文的有生命的纪念塔，你是只有中国才有呀''你是真应该称为中国的国树的呀，我是喜欢你，我特别的喜欢你'。"

说到这里，伯伯俨然像一个诗人，朗诵起《银杏》中的句子来："梧桐虽有你的端直而没有你的坚牢；白杨虽有你的葱茏而没有你的庄重……"

说着说着，他们来到一棵银杏树前。伯伯说："这就是著名的'妈妈树'。"

"为什么叫'妈妈树'啊？"小金果疑惑地问。

"这有一段感人的小故事呢。1954年春天，郭沫若夫人患了重病，不得不离开6个孩子去长沙治疗，当时最小的孩子还不满周岁。把夫人送上火车的第二天，郭沫若便带着孩子们，把一棵银杏树苗种在了他们住的院子里，并取名'妈妈树'。这棵小小的银杏树苗，成了孩子们朝思暮想的妈妈的化身。虽然他们不能陪伴妈妈外出治病，但可以把这种浓浓的关爱和祝福化作对银杏的悉心照料，希望妈妈能像这活化石一样，坚强地战胜病魔，早日康复。"伯伯讲得很动情。

是的，它是亲情的象征。

游人们纷纷在"妈妈树"周围拍照留念，好像都被它身上浸透的亲情感染。

小金果默默地抚摸着"妈妈树"，回味着这段饱含亲情的故事。

"妈妈树"真感人啊！

歌德与银杏

德国诗人歌德咏银杏诗稿

秋天到了，金黄色的银杏叶随着轻风缓缓飘落，犹如蝴蝶在空中轻盈地跳舞。小金果特意捡来一片金黄的银杏叶和一片火红的枫叶，夹在书里，用作书签。

伯伯见了，打趣地说："我们的小金果还挺浪漫，挺有诗意的嘛！"

"这就叫：落花无情人有情！"小金果得意地回答伯伯。

伯伯反倒正经起来，说起了故事："告诉你呀，德国伟大的诗人歌德，也很喜欢银杏折扇般的绿叶。有一段时间他住在某大学植物园里，亲手种下了一棵银杏树。现在这棵树已高大挺拔，枝繁叶茂啦。他就在那时写了一首咏颂银杏的诗，大意是：这棵树来自遥远的东方，在我的花园中成长。树上的叶子究竟藏着什么秘密，颇令人遐想……"

伯伯接着说："歌德从银杏树上摘下两片叶子，贴到他的诗笺上。银杏叶形状像扇子，当中有一缺口，好

像一颗心。他把这首诗送给了心中惦记的女友，寄予了
美好的愿望和祝福。后来这成为人们常说起的一段佳
话。"

伯伯边说边从书架上拿出一本书，翻开来，让小金
果看。那就是贴着两片银杏叶的歌德的诗。

银杏是恐龙的朋友

古银杏化石

伯伯和小金果来到南京古生物博物馆，眼前的景象让小金果惊呆了。展厅里陈列着各种各样的化石标本，小到巴掌大的藻类化石，大到十几米高的恐龙化石，应有尽有，目不暇接。

伯伯领着小金果来到银杏化石标本前，介绍说："目前公认的、可靠的银杏类植物，出现在距现在大约2.7亿年前的早二叠纪，而距现在1亿～2亿年的侏罗纪和白垩纪，是银杏类植物的鼎盛时期。"

小金果兴奋地插嘴道："那银杏和恐龙是好朋友啦！"伯伯点点头，说："当时银杏种类繁多，形态大不相同。后来北极冰川大规模南移，灭绝了大部分银杏类植物。幸运的是，世界上只有我国还有极少量的野生银杏保存了下来。"

小金果一边听一边看，轻声地念着每块化石旁边标签上的字："距今2.7亿年的法国毛状叶化石；距今1.8亿年的河南义马银杏化石；距今1.2亿年的辽宁义县无柄银杏叶片化石……"

伯伯拍了拍入迷的小金果，对他说："银杏具有这样悠久的历史和不平凡的经历，所以生物学家称它是植物中的'活化石'、'大熊猫'。"

回来的路上，小金果回想着银杏2.7亿年来的家族变迁，不禁肃然起敬。

破解"化石"密语

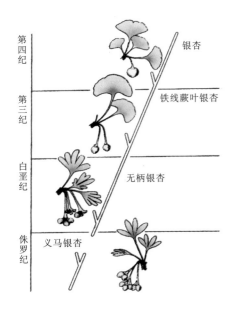

银杏进化图

（图左侧标注）
第四纪　银杏
第三纪　铁线蕨叶银杏
白垩纪　无柄银杏
侏罗纪　义马银杏

博物馆里，伯伯神秘地指着展柜里一块银杏化石，让小金果仔细观察。小金果左看右看，没觉着这块黑乎乎的义马银杏化石有什么特殊的地方。他疑惑不解地望着伯伯，不知他葫芦里卖的是什么药。

伯伯清了清嗓子，说："你别小看这块银杏化石，关于它的发现还有一段故事呢。"小金果一听，连忙催着伯伯快讲下去。

伯伯说："20世纪80年代初，河南义马矿区一个露天煤矿，工人们经常发现，在开采出来的无用岩石上有树枝、树叶等图案。虽然知道是化石，但大家都不觉得稀奇。后来，一个有心人从这些化石里挑了一些，送到中国科学院南京地质古生物研究所。古植物学家周志炎院士等人看到了，如获至宝。他们通过大量的资料研究，确认这是距今1.8亿年的侏罗纪银杏类植物化石。它是迄今为止中国地层中发现的、世界上最古老的银杏化石。周志炎院士等人把这世界上最古老的银杏树种群，正式定名为'义马银杏'。令我们骄傲的是，1995年国际古植物会议用'义马银杏'的图案做了会徽，使全世界都知道了这一重大发现。2000年在中国秦皇岛召开的第六届国际古植物会议，再一次将'义马银杏'的图案选为了会徽。"

小金果恍然大悟，抢着说："真是踏破铁鞋无觅处，得来全不费工夫！得要感谢那位有心人啊！"伯伯接着说："普及科学知识确实很重要啊！"

义马银杏复原图

寻找缺失的链环

具有果实的无柄银杏化石

小金果对银杏化石产生了浓厚兴趣。陈列在博物馆里的不同年代、不同形态、不同地点出土的银杏化石，他一块一块仔细观看。

伯伯突然对小金果说："小银杏专家，有个问题请教你。世界上最古老的1.8亿年前的'义马银杏'化石，它的外形与我们今天的银杏相比，还是有很大的差异。你知道最古老的银杏是如何慢慢变成现在的银杏的吗？"

小金果一下怔住了，不知如何回答，立刻反问伯伯："银杏大专家，那你能说出来吗？"

伯伯把小金果领到一块化石前，说："近100多年来，虽然银杏化石的发现在世界各地报道很多，但最古老的银杏是如何慢慢变为现在银杏的，都无法解释清楚。这就好像银杏从古到今连续变化的链条上少了一环，令中外古银杏研究专家十分遗憾。"

"那怎么办呀？"

　　伯伯指着面前的这块化石说："你看，这块距今1.2亿年前的化石，就是全部的答案了。它是2002年，南京地质古生物研究所周志炎院士与沈阳地质矿产研究所研究员郑少林，在辽宁义县发现的。你仔细看这块具有果实的银杏化石，它的形态处于已知最古老的银杏和现生的银杏之间。找到了这个1.8亿年前至0.56亿年前缺失的一环，也就揭示银杏1亿多年来的进化过程是极缓慢，变化不大的。周志炎院士将其称为'滞迟'现象。"

　　小金果拍了拍伯伯的胳膊，说："谢谢你，银杏大专家，你知道的真多呀！"

热河生物群落复原图

展厅里一幅生动的大型图画，吸引住了小金果。他拉住伯伯，边问边仔细观看。

画面描述的是距离现在一亿多年前我国辽西地区的壮阔景象。茂密的森林中，生长着郁郁葱葱的苏铁类和银杏类等植物；昆虫们在花丛中、枝头上翩翩起舞；三尾拟蜉蝣们在浅水里游嬉；丽蟾等两栖类动物来往于水边草丛，捕食蚊虫；长着羽毛的小型兽脚类恐龙，徜徉于林边湖畔，追捕蜥蜴或昆虫；孔子鸟们或翱翔在天空，或栖息于林间；各种翼龙有的展开宽大的翼膜在湖泊上空盘旋，有的掠过水面捕捉食物。

伯伯告诉小金果，这幅图叫"热河生物群落复原图"。

"太有趣了，如果有时光隧道的话，我真想去看一看！"小金果眼里充满向往。

伯伯说："是啊，可惜办不到，那只有展开想象的翅膀啦。这幅图就是科学家根据挖掘出的化石，通过想象复原出来的呀。"

原始热河鸟复原图

　　伯伯又指着一幅原始热河鸟复原图，对小金果说："在发掘工作中，科学家还有一个意外的发现：我国境内迄今所发现的最原始的一种鸟类——'原始热河鸟'，它生活在距今大约140万年到125万年的时代，它的体内还保存了许多植物种子的化石呢。可以想象，种子是'原始热河鸟'的美食，这些种子或许就是当时分布较广的银杏种子呢。"

帝王树与配王树

植物和动物一样是分雌雄的。判断某棵树的雌雄，可不是件容易的事，常常会闹出笑话。

小金果和伯伯在北京潭柘寺就见到了百年前留下的笑话。毗卢阁殿前东侧有一株辽代种植的银杏。相传清朝时每换一个皇帝，它都要长出一条小干来，然后慢慢地与老干重合。乾隆皇帝得知后，就御封这棵古银杏为"帝王树"。他一时兴起，想让这棵树子孙满堂，又封西边对称的那棵辽代古银杏为"配王树"。有趣的是，乾隆皇帝错配了"鸳鸯"，枉费心机。这两棵树都是雄株，不结果。

银杏的雌花（上）和雄花（下）

小金果说："这糊涂的皇帝，下旨前为什么不请大臣先调查一下呢？"

伯伯说："是啊，当时要是有你这么个小专家，不就不会闹笑话了吗？哈哈！银杏是典型的雌雄异株植物，植物界较少有的一类。光凭眼力看，银杏结果前是很难分辨雌雄的，所以皇帝才犯了自以为是的错误。"

小金果说："想让银杏树结果，就得雌树雄树一起栽。那怎样辨别雌雄呢？"

"一般来说，银杏树分枝开张度大一些，树冠扁平一些的是雌树，可能这样它接受花粉会更方便一些，而雄树分枝开张度会小些，树干会更挺拔一些。另外，落叶时间也有先后，雄树落叶较早，雌树相对晚一些。但这规律并不太明显。"

"那怎么办呀？"小金果急了。

"别急！现在科学家通过基因分析就能够准确地分辨银杏幼株的性别啦。想得到银杏种子，就多种雌株；想用银杏作行道树，就多植雄株，简直易如反掌。"

罕见的"夫妻树"

白居易《长恨歌》中有"在天愿作比翼鸟，在地愿为连理枝"两句诗句，常用来比喻恩爱夫妻，情深谊厚。小金果听说在福建省永春县仙夹镇，就有这么一棵宛如恩爱夫妻的银杏树，就和伯伯一起慕名而去。

他们来到夹际村，果然看到了这棵银杏树。只见树干在距地面60厘米处，分为两杈。淳朴的老农深情地说：这是我们村里的宝贝

银杏树雌雄同株真稀罕！

啊,叫作"夫妻树",西权是丈夫,东权是妻子。西权较大,枝繁叶茂,遮风挡雨,像丈夫呵护他的"妻子";东权较小,年年果实累累,繁衍后代。夫妻连体相濡以沫,真是罕见呀。

伯伯赶忙拿出照相机,一边拍照,一边对小金果说:"自然界里大多数植物都是雌雄同株的,雌雄异株的比例很少;银杏树是典型的雌雄异株植物,因而这株'夫妻树'雌雄同株就显得稀罕了。科学家研究发现,雌雄同株银杏的种核与出土的银杏化石种子很相似,因此,这种现象,对研究银杏的演化史很有价值。"

小金果接着说:"再加上他们相亲相爱传为佳话,不就更加珍贵了吗!伯伯,帮我和银杏爷爷、银杏奶奶合个影。"

"好啊,我们拍张全家福!"

咔嚓一声,照相机拍下了这张珍贵的照片。

来,合个影。

风做媒助结银杏果

小金果听伯伯说过，银杏研究园里全是雌树。这天小金果在这里居然发现，一株盆景银杏挂上了几个可爱的小青果，就赶紧去找伯伯问个究竟。

伯伯笑着说："这株盆景银杏能有孩子，可是风做的媒人啊。"

小金果听了，疑惑不解。伯伯接着说："雌雄异株的植物多半是靠风传送花粉的。离这儿约10千米的树木园里，有棵约60岁的雄银杏树，盆景里这株雌银杏上的雄花粉，就是它传来的。"

"真的是这样吗？"小金果不以为然。

伯伯拿出两张照片，一张是银杏的雄花，一张是银杏的雌花。小金果接过照片，仔细观看。银杏的雄花并不像花。一根主轴上有多个雄蕊。每一个雄蕊都有细而短的柄，柄的顶端都有一对长形的囊，一个一个紧挨着，像宝塔的形状。每个枝头都有七八穗之多。伯伯指着雄花说："你知道吗，每一个囊里都装满了花粉。银杏的

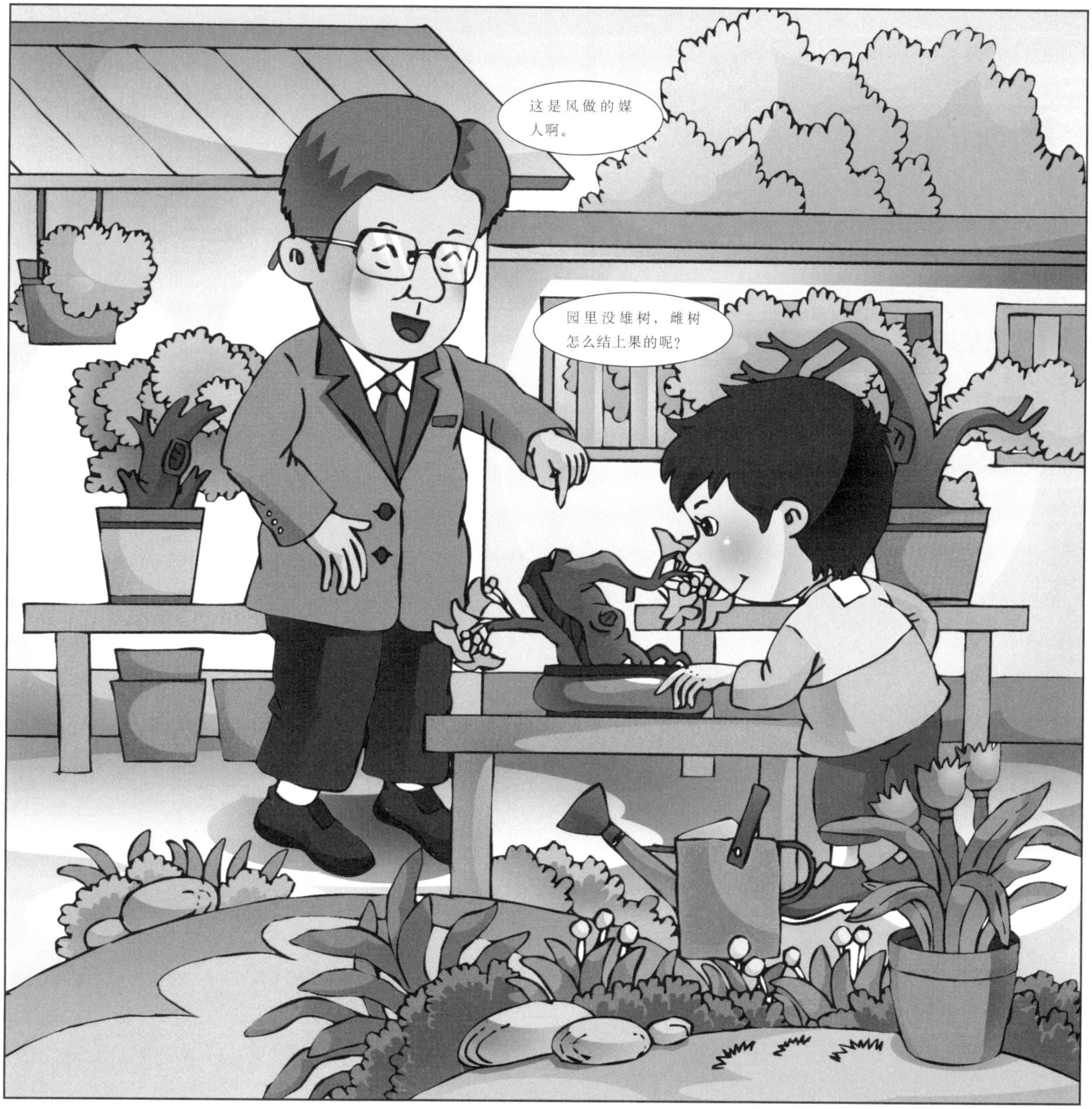
这是风做的媒人啊。
园里没雄树，雌树怎么结上果的呢？

花粉又细又轻又多，随风飘扬能够传得很广很远。"

小金果挠挠后脑勺，说："哦。这下我明白啦。"伯伯笑着说："你还没完全明白，我问你，雌花又怎么能捕捉到随风飘扬的花粉呢？"

小金果一愣，又仔细地看银杏的雌花：雌花较小，光秃秃的脑袋，隐藏在树叶中。"是呀，它怎么能捕捉到空中落下的花粉呢？"

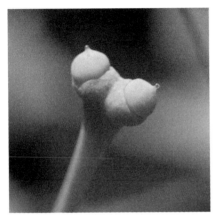

成熟的银杏雌花分泌黏液

伯伯见小金果疑惑不解，笑着说："你别看雌花脑袋光秃秃的，在它的喙口处会分泌出亮晶晶的黏液。雄花的花粉随风飘荡，无意中落在雌花的黏液上，会被牢牢粘住，缩回授粉孔而被带进贮粉室，这就完成了传宗接代的第一个过程。"

"啊，漫天飞舞的花粉，原来就是这样被雌花束手就擒的。"

花粉中有能游动的"精子"

实验室里，伯伯坐在显微镜前和小金果聊天。伯伯说："考考你近来学得怎样。现在我问你一个问题，银杏是怎样结出果子的？"小金果连忙举手要求回答，好像在课堂上课一样："银杏雌雄异株，靠风传播花粉，雌花接受花粉，就孕育出了小青果。"说完，他得意地望着伯伯，希望得到夸奖。伯伯却说："你只了解了皮毛，更多的奥妙，还得借助这台高级显微镜来观察研究。"伯伯调好身边的仪器，让小金果观察银杏的花粉。

小金果凑近显微镜，聚精会神地看着。他似乎看到了一个怪东西，形状像陀螺，拖着条螺旋带，上面还有细毛。伯伯问他看到了什么，小金果不知道那是什么，只好把自己看到的东西描述了一番。

伯伯说："这东西叫精子，有鞭毛，会游动。它才是真正的让雌花结果的主人翁。""什么呀！精子？主人翁？"小金果瞪大了眼睛，想不明白。

伯伯细细讲给小金果听。"花粉成熟后，先是落在雌株顶端一对胚珠上，然后，花粉破裂，释放出精子。你在显微镜下看到的就是精子。精子与卵子结合，最后结出小青果。一对胚珠一般只有一个形成果子，另一个就退化萎缩了。"

"哇！伯伯真了不起，居然看到了别人看不到的秘密。"

"哈哈，别乱拍马屁。最早发现银杏花粉中有游动的精子的，是日本京都大学的平濑作五郎先生。1896年，他在东京大学小石川植物园一株银杏树上采集花粉时，取得这个意外收获，因而他被授予'帝国学士院恩赐奖'；那

棵被发现有游动的精子的银杏树下，还立了一块石碑来表示纪念呢。"

"那所有植物的花粉都有游动的精子吗？"小金果追问下去。

伯伯说："据科学家研究发现，目前只有铁树与银杏具有。远古时期，低等植物的受精作用必须在具备一定水分的条件下进行，因而银杏精子仍然保留了具有鞭毛的特点，由此可以说明银杏仍然具有极为原始的性状，它是来自远古的。"

发现游动精子的银杏树

叶籽银杏

叶籽银杏

小金果和伯伯坐在一棵大银杏树下休息，凉风习习，好不惬意。突然，一颗银杏果连叶子掉了下来，砸在小金果的头上。他捡起来一看，惊讶得叫起来：这颗银杏果不是挂在果柄上，居然是长在叶子上的。他抬起头，又看见几粒结在绿叶上的果子，并且还在随风轻轻地摆动。他急忙把这意外的发现告诉伯伯。

伯伯乐呵呵地说："你真幸运，居然让叶籽银杏打中了头。"

"快说说，这到底是怎么一回事？"小金果着急地问。

"我国有不少地方发现过叶籽银杏。科学家经过研究认为，叶籽银杏是银杏树生长过程中出现的一种'返祖现象'。"

伯伯见小金果似懂非懂，就启发他说："小金果，说说我们人身上有没有'返祖现象'？"小金果想了想，说："好像听说过，在某个地方有个孩子，生下来浑身是毛；还听说有一个刚出生的孩子，屁股上莫名其妙的拖着个短尾巴。这都属于返祖现象吗？"伯伯点点头，说："你说得对。"

伯伯接着说："不过，这些现象在自然界中都比较少见。叶籽银杏不是指全树的叶子都能结籽，而是只有部分或少数叶子上能结籽，而且也不一定每年都能重复出现。"

小金果听了，这才真正理解伯伯说他"幸运"的意思。

迷阵般的银杏树根

庞大的银杏根系

有首歌叫《好大一棵树》，歌中唱道："头顶一个天，脚踏一方土……"小金果和伯伯在太湖附近的一个村子里，见到了一棵像歌中唱的大银杏树。据村民说，这棵树已有800多岁了。它的树根像一张巨大的网，盘根错节，时隐时现，布满了整个村落。树阴下崛起的树根，多年来已经成为村民们纳凉时的凳子，被磨得光亮亮的；搞笑的是，大银杏的树根，还会像个不速之客，钻进灶房里，人们可坐在上面拉风箱做饭呢。村民们还告诉小金果，因为根系分布很深，要是挖个井，开个沟什么的，一准儿会掘伤到它们呢。

小金果惊异地问伯伯："银杏树的根系究竟能有多长、多深啊？"

伯伯说："俗话说：树有多大，根有多深。更何况银杏本身就属于深根性的树种。而随着银杏树龄的增加，根系也就更加庞杂，它牢牢固定住高大的树干，同时拼命地吸收土壤中的水和养分。为了保证银杏树'吃饱'、

'喝足',树根就必须向四周扩展开去,寻找更多的生存空间啊!"

　　听了伯伯的话,小金果对银杏的根系油然起敬。他们边走边观察,只见银杏树根紧贴着地面,向四周蔓延,牢牢"抓"住土壤,使得大树郁郁葱葱……

银杏树奶

这天，小金果发现一棵银杏树生病了，树干、枝杈上长了许多瘤瘤。他急忙去找伯伯，跑得满头大汗，见了伯伯，拉着就走，要伯伯快去给银杏树治病。

他们来到那棵银杏树下。伯伯仔细看了看，安慰小金果说："不要着急，这种现象人们俗称'树奶'，我见得多啦，很多地方的古银杏树枝上都长有'树奶'。在江苏省宜兴市周铁镇，也就是尹瘦石先生家乡的那棵古银杏树枝上长满了树奶，最长的竟有30多厘米呢。

"日本有个传说，银杏树奶500年才能积贮一枝，从树奶尖头滴下的露水称'甘露'，数量稀少，能帮助产后缺少奶水的妇女分泌乳汁……"

小金果打断伯伯的话，大声说："哎呀，真急死人，这棵银杏树怎么长成这样的？"

伯伯见小金果着急，不由笑了，说："不要急，听我说嘛。产生这种现象有多种说法，有的认为银杏树大多生长在沟谷、山谷、溪旁，空气湿度较大，树奶可能

银杏树奶

是生长在空气中的根系；有的认为银杏树局部受到某种刺激，树皮里的隐芽萌发，树皮随之向外延伸形成突起；还有人认为可能由病毒引起，也叫'树瘤'。但是其他的树种是很少见到'树奶'的。"

"我说吧，它可能生病了，该怎么帮帮它呢？"

"多操心啦，这不是一种奇观吗？用银杏树奶制作的盆景，观赏价值和经济价值可高啦。现在人们还探索出了用'刺激'、'受阻'等人工方式，制作银杏树奶呢。"

原子弹银杏树

原子弹轰炸后又复苏的银杏树

这天，小金果蹑手蹑脚地走进伯伯的办公室。伯伯正在聚精会神地伏案工作。桌子上摊了几粒银杏果和一封信，墙壁上还新挂上了一张银杏树照片。

伯伯见了小金果，兴奋地说："这张银杏树照片是一位日本朋友寄给我的，这几粒银杏果就是这棵树上结的，也是他寄来的。"小金果心想：这有什么稀奇的，日本银杏还是从我们国家传过去的呢。

伯伯递给小金果一张纸，上面有从照片背面复印下来的几行字。小金果结结巴巴地念道："广岛缩景园遭受原子弹轰炸之后的大银杏树又硕果累累……"

这是怎么回事？伯伯讲起了这几粒银杏果不平凡的经历。第二次世界大战末期，美军在日本广岛投下了人类历史上第一枚实战原子弹，所有树木都烧成了灰烬。核辐射使得当地已不可能有任何东西生长了。可不久，人们意外发现，离核爆中心仅1千米远的一座寺庙中，一棵银杏树竟然冒出了新芽，健康地生长着，现今还在结果。

　　小金果这下可按捺不住了，提出了一连串的问题：广岛银杏树幸存下来是奇迹还是侥幸？它能够躲过灾难，是有什么护身符吗？希望伯伯为他揭开秘密。

　　伯伯说："近2亿年来，银杏经受住各种气候环境的严峻考验，而顽强地生存至今，说明它具有强大的抵御恶劣环境的能力。但它为什么能够抵御原子弹爆炸辐射的侵袭，而继续顽强生长，还有许多问题说不清。相信不久科学家就能揭开谜底，利用银杏的这种特性为人类造福。"

　　小金果沉浸在思考中，点点头说："我期待着那一天！"

蚂蚁不上银杏树

　　小金果正在观察一棵枝繁叶茂的大银杏树。树下有七八个小姑娘，唱着歌谣跳皮筋："青青的山，高高的树，高高的树上仙翁住，树下安着八仙桌，八仙桌旁八仙坐，你一壶，我一壶，八个仙翁犯迷糊，蚂蚁不上银杏树。"

　　"蚂蚁真的不上银杏树吗？"小金果没急着去问伯伯，他拿着放大镜自己观察起来。他看了很久，确实，蚂蚁每当靠近银杏树时，都会敏感地转换行进方向。

　　"是不是银杏树上含有什么让虫子害怕的物质？是不是因为有这种物质蚂蚁才避开银杏树的呢？"小金果自己不能解答这个问题，只好去请教伯伯。

　　伯伯听了小金果的分析，大大地夸奖了他，对他说："你的猜测没错！科学研究发现了惊人的秘密：银杏体内确实含有丰富的杀菌抑菌成分，尤其是银杏果的外种皮中杀菌成分含量最为丰富。所以聪明的蚂蚁才选择避开银杏。今天，仿生农药专家利用银杏，通过提取、合成技术生产出农药，用于大田作物、蔬菜、果树等杀菌抑菌，既有利于绿色食品的生产与开发，又减少了对环境的污染。"

　　听完伯伯的解释，小金果又回到树下继续研究。他又有了新发现：不仅蚂蚁不上银杏树，其他昆虫也不上。难怪银杏树很少有虫害呢。

餐桌上的银杏果

银杏菜肴

伯伯今天高兴，特意露了一手厨艺，做了孔庙名菜"诗礼银杏"让大家品尝。小金果吃了，连连说好，想出八个字称赞说："清香甜美，柔韧筋道"。

小金果的评价是最好的奖赏，伯伯的话顿时多了起来，说："银杏果能做出很多美食呢。把银杏果去壳，捣碎，蒸，可做成银杏糕；还有白果炖鸡、白果鸡丁、白果粽子、白果腊八粥……都是美食上品。采用煮、炒、烧、熘、蒸、焖、烩、煨、炖等多种烹饪方法，银杏果能做出十三类300余道菜呢。"

"没看出来嘛，我们家还有这么位'银杏'大厨！"小金果听得津津有味，反问伯伯："人们怎么这么喜欢吃银杏果呀？"

伯伯说："银杏在宋代就被列为皇家贡品。银杏种仁中除了含有蛋白质、淀粉、脂肪油、多种氨基酸等丰富的营养成分外，还含有多种微量元素及药用成分。现代医学表明，经常食用银杏种仁，可温肺益气，增强肌体免疫力，具有较强的抗氧化、抗疲劳、抗衰老作用。"

小金果说："你做的这盘银杏菜，数量太少。"伯伯笑着说："可别忘了，吃银杏也有讲究，一次不能吃太多，一般以每天吃十粒为宜。"

银杏叶中藏着宝

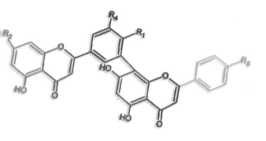

白果双黄酮分子式

邻居张教授爷爷近来大脑供血不足，经常头晕，每天都要服用银杏叶制成的药。小金果不解地问伯伯："张爷爷为什么选择银杏叶制成的药呢？"

伯伯告诉小金果说："古老的银杏树不仅外表美，不仅它的果实和木材对人们有贡献，而且它的叶子里也藏着宝呢，具有重要的药用价值。银杏树不仅自己是长寿树种，它还给人们带来长寿的福音啊！张爷爷服用银杏叶片，就是因为银杏叶中的黄酮类抗衰老物质，能够改善人们体内血液循环，增加大脑的供血量，有效地治疗眩晕呢。这下你对银杏更加刮目相看了吧？"

看着张爷爷又在伏案工作，小金果心想：老人大脑里积累了毕生的智慧和珍贵的记忆，通过银杏叶片来延缓老人大脑的衰老，真是银杏的又一贡献啊。

伯伯带小金果观看陈列架上来自日本、美国、德国、韩国等国的银杏药制剂，他告诉小金果说：科学家们对银杏叶的研究已经有了近一百年了。1965 年，德国威玛舒培博士首先将银杏叶提取物引入医学临床。我国也有不少银杏叶药物产品，现在也已成为心脑血管系统植物药领先品种。

银杏叶——牲畜好饲料

银杏嫩叶

小金果与伯伯来到银杏试验园的养猪场参观，看到圈内的猪吃得好，睡得香，皮毛油亮油亮的。伯伯告诉小金果说，这些猪长得好，是因为饲养员每天都喂它们一些银杏叶饲料添加剂，因而生病少，长得快，肉质好。

小金果问道："什么是银杏叶饲料添加剂啊？"

伯伯细细地解释说："那就是以银杏叶为主要原料，再加上助消化、健脾胃、安全的微生物菌株，经过发酵制成的，用来辅助主食的饲料。银杏叶饲料添加剂中除了含有黄酮类化合物等成分外，还富含很多酶、蛋白质、氨基酸、维生素等营养成分，口味好，营养丰富，牲畜喜欢吃。"

午饭时，餐桌上有一盆红烧肉，小金果吃了觉得特别香。伯伯说："猪在生长过程中，也会跟人一样生病。为了预防牲畜疾病，人们就不断地给它们使用抗生素，所以我们在吃肉的同时，也吃进去了少量的抗生素。这样积累到一定数量，人就会产生一定的抗药性。"

小金果停住嘴巴，说："那可怎么办啊？"

伯伯笑了，对小金果说："不要紧张嘛，现在不是开发出了银杏叶饲料添加剂了吗？它可以消炎杀菌，有效控制牲畜的发病率。同时银杏叶中对人有益的成分，也在肉质中沉淀下来。这样既没有药物残留在肉里，又提高了肉的品质，人们可以放心食用。"

千年不变的银杏木雕

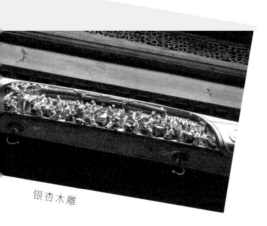

银杏木雕

小金果随着伯伯来到安徽黟县的韩氏宗祠"爱敬堂"游览。伯伯指着"爱敬堂"里的柱子说："这间房子一共有99根梁柱，都是银杏树制成的。"

游览中，伯伯对小金果说："你注意到没有，爱敬堂虽经历四百余年，里面却没有蜘蛛网。"小金果到处寻找，果然没有看到蜘蛛网。

"木头做成的老房子居然没有蜘蛛网，真是奇怪。"小金果感到惊讶。

伯伯说："这可能是因为银杏木材内含有一种特殊的化学成分，释放出特殊的药香味，蜘蛛等动物都害怕，纷纷躲避。"

"银杏木材与其他树种的木材相比较，还有哪些优点呢？"小金果又问道。

"银杏木材材质细密，不翘裂，有香味，被称为银香木，是一种非常好的建筑用材。除安徽的一些建筑外，在河南、贵州，许多古老的寺庙也全部以银杏为建筑材料，这些寺庙已经有了几百年的历史，但是建筑依然没有腐烂。"

"你看,这块匾额也是用银杏木制成的。"伯伯又指着"爱敬堂"的匾额说,"银杏木材呈浅黄色，质地纹理轻软细密，不易变形，也是制作木雕的上乘材料。民间发现了不少用银杏木材为原材料制成的木雕制品。著名的有《清早期银杏木雕人物故事座屏风》、《清中期东阳木雕花板精品》等。"

伯伯还告诉小金果说："由于银杏木材价格昂贵，一般的老百姓用不起，过去只有皇室贵族和富贵人家才选用银杏木材制作木雕和家具。北宋时金銮殿上皇帝的座椅，元朝大臣手执的朝笏，选用的都是银杏木材。"

银杏活性炭

小金果看到烧水壶里有一小段黑乎乎的东西，就大叫起来，让伯伯快来看。伯伯告诉他说，这是银杏活性炭，放在水壶里用来吸收水垢的。

"银杏活性炭不就是煤炭吗？黑乎乎的，这样水能喝吗？"小金果提出疑问。

伯伯笑着说："煤炭是从地底下挖出来的；银杏活性炭可是用银杏木材做的炭啊！听说过木炭吧？它是木材或木质原料经过燃烧以后，保持木材原样的深褐色或黑色多孔固体燃料。而活性炭是对木炭的再次加工，碳元素更纯，杂质更少，重量更轻，作用不再是用来燃烧，而是用来吸附重金属元素等杂质的了。"

伯伯从水壶中捞出活性炭，放在电子显微镜下，让小金果观察。小金果发现它的表面一个孔隙紧挨着一个孔隙，像马蜂窝一样。伯伯在一旁讲解，说："正是因为有了这些'马蜂窝'，才使银杏活性炭具有很强的吸附能力。如果有毒气体或杂质碰到这些像马蜂窝一样的

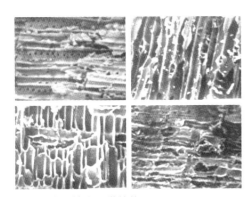

银杏活性炭超微结构

毛细管，就会被吸附，这样就起到了净化空气、处理污水的作用。"

伯伯还告诉小金果，日常生活中，银杏林里修剪下来的一些细小的枝条、树皮等，往往都会被人们当柴火烧掉或直接丢弃，实在可惜啊。如果利用它们制作银杏活性炭，就可以变废为宝了。

银杏空芯刨花板

小金果和伯伯一起来到人造板成果展览室参观。这个展室是一座刚建好不久的抗震示范小木房。

伯伯告诉小金果说："用我们新研制的银杏空芯刨花板同样可以建成这样的小木屋呢。而且它不但能抗震，还可以保护环境，有益人们健康。"

小金果听到新名词后马上问伯伯："银杏空芯刨花板是什么样的木板呀？"

银杏空芯刨花板

伯伯把小金果引入屋里，取出一张木板子给小金果看。"它是这样制成的，先将银杏枝丫材料制成碎料，然后加上胶黏剂，再进行高热高压处理。经过很多道工序，最后制成大概 3～5 厘米厚的板子。"

"空芯刨花板是空心的吗？"小金果问。

伯伯把板子的侧面给小金果看个明白：大概 3～5 厘米厚的板子中间夹着好几道圆形孔道，有些像盖房子用的空心砖。

小金果提了个关键问题："用这个板子造的房子能

牢固吗？能隔音隔热、防雨淋吗？"

伯伯说："这样设计出的板材轻便、省料，更重要的是隔音、保温、强度高，除了可以做墙体材料以外，还可以做很多家具的用材呢。"

"那银杏空芯刨花板与普通树木的空芯刨花板相比，有什么特别之处吗？"

"当然有啦，银杏木材材质细，不变形，有股清香味，防虫蛀，防腐烂，有益人们健康。"

小金果听了直点头，表示赞同。

伯伯意味深长地说："为了保护我们生存的环境，我们要坚持少砍或不砍树木，尤其是像银杏这样珍贵的木材，更不可能大量地去砍伐。但是人们日常生活中又是特别需要木材，所以我们有很多的事儿要做啊！"

丹东百年银杏大道

丹东的百年银杏大道

这天，伯伯和小金果谈起了丹东，赞叹丹东的银杏。

伯伯说，丹东的冬天虽然很冷，但当地人吃冰棍、冻水果、冻饺子，堆雪人，打雪仗，生活很有乐趣。要知道，丹东市是我国唯一的沿江、沿海、沿边的东北城市，是最美的边境城市呢。不过，它的美，还在于有银杏。

丹东的银杏是世界一绝，有"丹东银杏甲天下"的美誉。

早在20世纪30年代初，丹东老百姓就把银杏移植于街路两旁。伯伯说，现在亚洲国家城市里，种植百年银杏树的街道只有六条，而丹东就有三条。另外一条在我国重庆，还有两条在日本。伯伯还告诉小金果，丹东的这三条银杏大道也是位于我国最北面的、纬度最高的百年银杏大道。

夏日里的丹东，十分迷人。街道两旁，高大挺拔的银杏树上，累累的果子缀满枝头，在阳光的照耀下，绿茵茵的。一条又一条的长街，一棵挨一棵的大树，令人流连忘返，沉湎在美景中。

　　丹东市政府右侧的九纬路，是银杏树最茂盛的一条街。树冠盖住了整个街道，翠绿的叶子如帝王的伞盖。行走在马路上，犹如穿行在绿色的隧道里一样。从九纬路向南，在纪亮公路客运站前又出现一个横街，那就是另一条古银杏街，叫七经街。从七经街转向东不远，就是第三条古银杏街六纬路。这三条银杏大道与这些街道同时出生，一起成长，亲如姊妹，共同见证了丹东这座城市的百年近代史。

　　听了伯伯的讲述，小金果对丹东充满了向往。

海洋乡银杏秋色

海洋乡银杏秋色

小金果早就听伯伯讲过桂林海洋乡。那里有银杏树100多万株，其中千年古树2株，百年以上的达17 000多株，年总产银杏果800吨，人均银杏拥有量居全国第一，具有"天下银杏第一乡"的美称呢。今天，他随伯伯从山水甲天下的桂林市，坐车半小时，来到了这向往已久的神话般的山村。

渐渐地，银杏树那金黄色的身影，进入小金果的视野。银杏的果子，早在十月前就成熟落地，叶子却仍然长在树上。那山坡、坝子、村庄都一一掩映在金黄色的树影中。小金果惊喜地四下浏览，美美地享受这仙境般的景色。

"小金果呀，这金色的海洋乡，至少说是世上最美的地方之一！"伯伯激动地说，"像桂林海洋乡这样成片成林的银杏群落全国罕见，广西更是绝无仅有！"

金色的海洋乡里，一株株高耸入云的银杏，撑着硕大的树冠，好似张开一双双臂膀在迎接着我们。那枝头上一簇簇的银杏叶，又好像摇曳欲坠的散金碎银，迷离了人们的眼睛。牧归的牛羊，在牧童的吆喝声里，慢悠悠地走进金叶映衬的村庄；黄墙黑瓦的村舍，在金黄色的银杏树海中开始炊烟袅袅……

"啊！真是上有天堂，下有人间海洋……"小金果不由学起大人吟起诗来了。

古银杏国家森林公园

安陆的古银杏

湖北安陆的王义贞镇，有一处钱冲古银杏群落，方圆 60 多平方千米，是新批复的国家级古银杏森林公园。

小金果随着伯伯刚走进钱冲村口，就看到一棵枝繁叶茂、生机蓬勃的高大银杏树，树龄超过了百年，正频频向他们招手。伯伯说，这棵树是钱冲的"迎宾树"。

伯伯说："我国目前现存两大自然状态古银杏群落，一处在浙江的天目山，另一处便是安陆钱冲古银杏群落。钱冲古银杏不但数量多，而且年代久远，世上罕见。根据统计，钱冲 1000 年以上的古银杏有 48 株，500 年以上的将近 200 株，100 年以上的也有 4000 余株。真是名副其实的古银杏公园啊。"

小金果在古银杏群落里边走边看，不时发出惊叹声。形态各异的古老的银杏树生长在路旁、池边、房前屋后，更多的散落在山林中，真是目不暇接。有株"银杏王"，灰褐色的树皮，上面有许多小疙瘩，用手摸上去非常糙，也很硬，像老人裂开的皮肤。据说它的树龄已有3000多岁了，六七个大人才能围抱住呢。

小金果还看到了颇有情趣的"夫妻树"、"子孙树"、"母子树"、"姊妹花"，等等，耳听人们讲述的美丽的传说，感到格外神奇。正逢夏秋之季，银杏树叶碧绿，果实累累，呈现出钱冲优美独特的自然景色，令人流连忘返。

小金果对伯伯说："黄山归来不看山，九寨沟归来不看水。看来，后面还可以加上一句：'钱冲归来不看树啊'。"

长寿之乡话银杏

银杏茶

小金果跟着伯伯来到位于江苏泰兴宣堡镇张河村的古银杏群落公园时，这里人声鼎沸，村民们正在银杏树林里为10位百岁老寿星，举行集体拜寿呢。

俗话说："人生七十古来稀"。如今在泰兴一些银杏的产区，却有着另外一种说法，那就是："八十、九十不稀奇，百岁老人大比例"。根据统计，泰兴长寿老人的比例位居江苏省前列。这个人口仅百万的地区，竟拥有30 000多位80岁以上的老人，4000多位90岁以上的老人，180多位百岁以上的老人。

小金果去一位寿星奶奶家做客，老奶奶开心地和小金果聊家常。老奶奶说，她吃了一辈子的白果啦。每天煮稀饭时，都喜欢放一把白果。老姊妹银杏树底下聊天时，喜欢喝银杏叶泡制的茶水。夏秋季在银杏林一边锻炼，一边捡掉下来的白果，一举两得。小金果高兴地说："我一定要告诉爷爷，常吃银杏保健康。"

伯伯对小金果说："泰兴出现这么多的老寿星，跟银杏树有很大的关系。张河村方圆两千米内就聚集了一万三千多棵银杏树。银杏树是一种名副其实的生态树，它们可以抗污染、挡风沙，抗辐射、吸尘埃，抗衰老、抗虫害，可以净化空气，涵养水源，真是一个天然的氧吧。你想，在这样一个天然的氧吧里，吃银杏果、饮银杏茶，能不长寿吗？"

遍布首都的银杏

从北京回来，小金果印象最深的是，首都大街小巷里都有银杏树。

"那就请你给我们介绍介绍吧。"伯伯的话可让小金果打开话匣子啦。

秋风一起，北京那大街小巷里的银杏树，就像灯一样，唰的一下，被点亮了。通州区新华大街就以银杏而著名。20世纪50年代种植的600多棵银杏树，现在棵棵粗壮挺

拔。

著名的三里河路，西边是一片银杏林。随着秋意的加重，这片树林在车水马龙之中被渲染出一层又一层的金黄色。漫步在林阴道中，头顶是茂密的银杏树冠，脚下是金色的银杏叶，踩上去发出"咯吱咯吱"的响声，带给人无数的快乐，无限的遐想。

钓鱼台东墙外，有一片银杏林。深秋到来，树叶变黄了，洒满一地。银杏虽不及苍松翠柏常青，更没有垂柳细枝嫩叶的娇媚，但在秋风里它却成了一片金色耀眼的海洋。

地坛公园，那儿有北京最古老的银杏大道。鲜亮的绿叶镶着黄边的，通体黄成一片的，衬上蓝得没一点儿渣滓的天，真是说不出的美。

北京大学西门南华表的银杏最美，树冠美如圆伞，真是比画片更像画片！

有人说，北京的秋景可以用两个字来描述：灿烂！嗬嗬，如果没有数不清的银杏，想必这灿烂也无从说起了。

中山陵的银杏

小金果跟伯伯来到南京，游览南京最有吸引力的旅游景点之一中山陵。

站在博爱坊前，伯伯对小金果说："中山陵是中国民主革命先行者孙中山先生的陵墓，依山而筑，气象雄伟。在这里，不仅可以感觉郁郁葱葱的森林景色、虎踞龙蟠的山脉，还可以感受到近代史在脑海中掀起的阵阵波澜。"

沿着台阶而上，快到陵寝时，小金果看到了高大挺拔的银杏树，在青松翠柏映衬下，金黄色的树叶格外显眼。

中山陵的银杏景观

伯伯把小金果拉到身旁，坐在银杏树下，说："孙中山先生最重视植树造林，在《建国方略》中还制定了全国植树造林蓝图。后来我们把孙中山先生逝世纪念日3月12日定为植树节，人们踊跃参加植树活动，实现着孙中山先生的遗愿。"

伯伯指点着周围景色，说："当年，毛主席晋谒中山陵时也曾说过，要让整个城市绿起来。从此，南京人民在荒山空地上大量栽种了银杏、水杉、玉兰、雪松、龙柏、冬青、核桃、香樟等树，你看，南京的景色多美啊！"

伯伯和小金果走在中山陵的干道上，绿树成荫，凉风习习，仿佛进入了天然大氧吧，让人流连忘返。

南京的银杏路

漫步南京的北京西路，看到最多的是银杏。因为有了端庄华丽的银杏树，这条路还被市民评为南京"行道树最美的路"。

大道两旁茂盛的银杏树，整齐漂亮，一年四季默默地伴着行色匆匆的人们和川流不息的车辆。扇形的叶片从嫩绿变成墨绿，从墨绿变成金黄，目睹着古都南京日新月异的变化，感受着身旁人们快乐而轻松的步伐。

小金果跟着伯伯慢慢地走着，不时摸一下银杏粗糙的树干，似乎是那么亲切自然——银杏树啊，城市的美容师，腾飞的见证人，南京的新名片。

"秋天，在这里临空俯视，林立的高楼之间闪耀着一道金灿灿的林带，银杏树给古都南京增添了一抹亮丽的色彩。一叶知秋，让你涌起无尽的遐想。"伯伯好像一位诗人，激动地描述着。小金果也受到了感染。

一路走下来，小金果留心数了下路旁的银杏树，一共有231棵。他望着银杏树，不禁赞叹着说："啊，你

南京的北京西路银杏大道

们多像一个个环保小卫士啊，用你们独特的本领，为人们吸收废害气体，奉献新鲜氧气，让蓝天更蓝、城市更美！"

　　"嚄，你也诗兴大发啦！"伯伯笑呵呵地说。小金果有些不好意思了。

银杏走向西方

　　小金果随伯伯一起飞往荷兰考察乌特列支大学植物园，在那儿见到了一棵古老的银杏树。小金果感到很新鲜，问："怎么荷兰也有银杏树？"伯伯告诉他："不只是荷兰有银杏，在整个欧洲、美洲，都有很多银杏树。告诉你，全世界的银杏都来自中国。"

　　小金果问："银杏又不会飞，它是怎么传播到世界各地的呢？"伯伯说："银杏传向世界说来历史悠久，道路曲折。大约公元8世纪唐朝时期，日本派出使者和僧人，从我国引进银杏，从海上传入日本。后来，银杏又由日本传到欧洲。"

　　"说起银杏由日本传到欧洲，还有一段小故事呢。"伯伯接着对小金果说。

　　"1690年，荷兰东印度公司有一位名叫凯普菲的雇员，随船到达日本。他一见到陌生而又奇特的银杏树，就欣喜异常。回到欧洲以后，凯普菲在1712年编了一本《可爱的外来植物》的书，第一次向欧洲人介绍了银杏。18年后,也就是1730年,凯普菲将第一株银杏树苗,从日本引种到荷兰乌特列支大学植物园。"

伯伯指着树，对小金果说："乌特列支大学校园的这棵银杏树，树龄已经280年，是目前欧洲最古老的一株银杏树。现在，在美国、加拿大、墨西哥、德国等国的很多城市，都能见到非常漂亮的大银杏树。"

"国礼"银杏

　　活泼的小金果这天变沉默了，好像在苦思冥想什么。伯伯问："什么事让小金果这么为难啊？"小金果说："明天学校里有一位美国小朋友来访，我不知道送什么礼物好呢。"伯伯笑着说："我替你出个主意，怎么样？你考虑过银杏吗，用它做一份礼物，我想一定很有创意噢！"小金果跳起来："哇，太好了！"

银杏饰品

　　伯伯说："历史上，古老而神奇的银杏树很早就被作为国礼，传到西方了。至于银杏树跟随领导人出访，作为纪念物在外国茁壮成长的佳话，那就更多了。"

　　伯伯接着说："1985 年 6 月，时任国家主席李先念访问加拿大，在首都渥太华的总督府旁栽种了一株银杏树，表达我国人民对加拿大人民的友好。

　　"1995 年 5 月，时任林业部部长徐有芳带领中国林业代表团访问德国，参加国际森林工业与木工机械展览会，在展览中心的绿色草坪上，栽下了一株象征友谊的银杏树。

"1982年瑞典皇家海军来中国访问，他们特地选了两棵银杏树，带回瑞典种植，作为访华的珍贵纪念品。

"多少年来，银杏作为中华民族的使者，跨越国界，走出东方，犹如一张中国身份的金色名片，向全世界展示着中华民族的古老与文明。"

伯伯拿出自己珍藏的礼物让小金果欣赏，那是外国的朋友寄来的、用银杏叶子和果实做成的精美小礼物。小金果看了，立刻动手制作银杏小礼物……

日本、韩国特别喜爱银杏

　　伯伯的办公室柜子里，摆放了不少银杏装饰品和装饰图案，其中有好几件还是日本的呢。小金果看到一张装饰画，不由眼睛一亮，画上画的是一位漂亮的日本女子，身穿和服，浓密的黑发梳理成"银杏卷"的发型，脚上的木屐也模仿银杏叶的样子，真美啊。

　　伯伯见小金果看得入神，就走过来告诉他，银杏在日本也深得人们的崇敬和爱戴。伯伯说起日本的银杏，滔滔不绝："大概是在公元8世纪初，银杏在中国的唐朝随着佛教传到日本。如今在日本，人们广泛种植银杏树。很多城市选择银杏作为'都树''县树''府树'。"

韩国雪岳山银杏

　　伯伯拿出他在日本东京大学拍的照片，照片上秋季的银杏树高大挺拔，排列整齐，树冠连成一片金黄色。伯伯说："东京大学还把银杏定为'校树'呢。"

　　柜子里还摆放着伯伯收集的一些韩国产的包装盒，上面精心画着翠绿色的银杏叶和其他银杏制品。小金果问伯伯："韩国人也很喜欢银杏吗？"

伯伯滔滔不绝地说起来："朝鲜半岛是我国银杏最早走出国门的落脚点，韩国人也特别喜爱银杏。韩国也有1000多岁的古银杏呢。他们的银杏嫁接技术一点不比我们差，也是五六年就能结果。而且，韩国加工银杏叶的研究水平也很高，他们的保健特产除了高丽参，就数银杏叶的保健品最为有名了。"

银杏的品种

伯伯出差一回来，就把小金果叫来，像变戏法似的，从旅行袋掏出一个个标着名称的小袋子，排在他的面前，说："看看这些宝贝吧。"小金果充满好奇，忍不住一一打开小袋子看起来。原来袋里都是银杏。"泰兴大佛指"，下圆上尖，像修剪圆润的佛指头；"大马铃"，好像马脖子上挂着的铃铛；"金坠子"，真像挂在耳垂上的坠子；"七星果"，表面有星星点点；"鸭屁股"，顶部小、尖凹陷，和鸭尾巴没二样；"梅核"，椭圆形；"大龙眼"，圆滚滚的与龙眼还真容易混淆呢。

小金果惊讶地问伯伯："银杏怎么有这么多名字啊？"

伯伯说："银杏祖祖辈辈生活在中国各地，由于气候、土壤等自然条件不同，逐渐演变出了不同的品种。人们根据它们的外形，起了这些好听好记的名字。一方水土，一方果，它们的营养可各不相同哦。"

伯伯接着说："这些银杏虽说品种不一样，营养有

银杏品种标本

区别，但都属于银杏这个种的范畴。现在的银杏只有一个科，一个属，一个种。"

"我知道。"小金果马上接过伯伯的话讲下去，"2亿多年前，银杏与恐龙共同生活在地球上的时候，银杏是个大家族，遍布世界各地。但是，经过第四纪冰川以后，银杏只有一个科，一个属，一个种，在中国生存繁衍下来了。"

清明节假期里，小金果做伯伯的助手，把从全国各地深山老林里采集回来的银杏苗和枝条，一样样进行登记。伯伯边忙边说："别小看这些苗和枝条呀，它们可都带有各地银杏的遗传基因呀。我们要趁它们刚刚休眠醒来的时候，收存到银杏基因库试验地里，留着今后做研究用呀。"

按照科学研究的要求，必须把采来的树条上的芽接到地里的银杏树苗上。这个工作伯伯亲自做，小金果在一旁看着。伯伯首先在银杏苗干上划开一个口，然后把采集来的银杏芽插进去，再用塑料线扎好。伯伯说："这就叫'嫁接'。下面的树桩叫砧木，它的根系负责提供养分和水分，嫁接在上面的新芽吸收后就慢慢长成树枝树叶了。"

"这棵银杏嫁接了采来的这个芽后，会提前结果吗？"小金果问。

"会啊，500 年前我们的老祖先就发明了'嫁接'技术。这棵树尽管下面的部分还很年轻，只要上面的芽长到了开花结果的年龄，就可以结果了。"

伯伯告诉小金果说，我国是世界上现存银杏的起源

把它们都收到我们银杏基因库试验地里，留着以后做研究用啊。

这些苗和枝条有什么用啊？

地，全球银杏的"老祖宗"在我国。我们对全国各地的银杏进行收集、保存和利用，就是防止各地银杏"优良的血统"——基因遭到破坏或流失。

伯伯见小金果还不明白，就打了个比方，说："《圣经》故事中说，上帝为了消除世界上的邪恶，降下暴雨，一连下了40个昼夜，洪水淹没大地，世上万物陷入灭顶之灾。但是上帝事先却让诺亚建造方舟，把各种飞禽走兽花草树木，每样选择一对保护起来，让它们逃过劫难。这才有了今天地球生物的繁盛……"

小金果一下子明白了："我懂了。我们收集各地最好的银杏基因，建设一个大基因库，今后就可以选育出更好的银杏，满足人们的需求啦。"

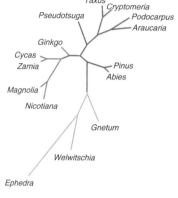

银杏系统进化树

银杏克隆

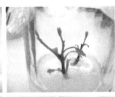

银杏的组织培养

小金果和伯伯走进银杏组织培养实验室。在玻璃温室里，有一排排特制的金属架，上面整齐地排列着一个个洁净的小玻璃瓶。小金果知道，瓶里装着的是银杏稚嫩的小苗，它们正在安静地生长。

小金果对伯伯说："《西游记》里的孙悟空，拔撮毫毛一吹，就能变出许多小猴子。拔点银杏苗放在瓶里吹一下，能长出和原来一模一样的小银杏吗？"

伯伯笑着说："你吹一下试试，当然不能。但是用银杏克隆技术可以办到。"

小金果不明白了，连忙问："什么叫银杏克隆？"

伯伯说："就是挑选优良的银杏树，取用它们幼嫩的叶片、茎段、根或者花粉、种子等，种在人工模拟的营养全面的'土壤'中，再人工模拟最佳气候条件，如控制温度和光照，进而产生有根又有芽的银杏小生命。"

小金果很惊讶："这么神奇？"

伯伯笑了笑，说："是啊。更可喜的是，科学家们还可以用这个方法，在实验室用银杏的一片小叶，克隆出许许多多的小细胞团，生产出治疗心脑血管、支气管等疾病的特效物质呢。这种在可以控制的条件下得到的药用物质，不仅产量较高，而且不受季节限制，还能减少占用可耕地面积，同时免受病虫害的侵扰呢。呵呵，银杏克隆是一个多有意义的事啊！"

新时代的银杏礼赞

金色的银杏

小金果在认真地整理这段时间来跟随伯伯考察银杏的笔记。伯伯看见了，说："小家伙，这段时间跟我游山玩水都有哪些收获呀？"

小金果自豪地拿起笔记本说："太多啦，我读给你听听。"接着就大声读起来：

"'家中富不富，先看白果树。四旁银杏树，等于大金库。'这是富裕的农民最朴实的语言，看出果农深爱着银杏；

"'天天吃银杏，不得哮喘病。银花加白果，喉咙不生火。'这是乡亲们赞誉银杏特殊功效的顺口溜；

"'植千秋银杏，秀万古河山。'反映了人们钟爱银杏和发展银杏事业的远大抱负……"

"好嘛，编成打油诗啦！还有什么新鲜的见闻呢？"

小金果继续读："摄影爱好者用镜头摄下了银杏一幅幅壮美瑰丽的图片；银杏以其姿容华贵和蕴涵丰富被设计为邮票；泰兴市创作的《银杏之歌》《打银杏》深

得人们喜爱；电影《银杏树之恋》、电视剧《银杏飘落》热播；还有许多赞颂银杏的现代诗歌散文；网络上有中国银杏网；专家们成立中国银杏研究会……"

"哟，一发不可收啦！你说的都对，确实，银杏已走入了千家万户，银杏文化也悄然形成，成为老百姓生活中不可缺少的元素。"

伯伯深情地说："我们更要知道的是：中华银杏的

坚韧不拔是其他任何动、植物所难以比拟的，银杏的成长只需一抔黄土，一口晨露，一丝雨水，即可安身立命，蓬勃生长，而她取之于人的甚少。

"她那优美独特的外形、刚正不阿的品格，赢得了人民群众的赞誉；她那朴实无华的务实精神，更鼓励着人们脚踏实地工作，开创新的事业。

"刚健有为、自强不息、朴实无华、友邦善邻、多予少取，银杏的这些品质，不正是我们中华民族精神的具体体现和重要组成部分吗！"

说到最后，伯伯激动得几乎一口气说完。

小金果静静地听着，感到有一股从未有过的热流，在全身涌动。

南京师范大学校园银杏

银杏是中国国树的备选树

　　小金果跟着伯伯学到了很多有关银杏的知识，他打算把所见所闻整理成一个个有趣的小故事，与同学们一起分享。回想在伯伯身边的一幕幕往事，小金果有些激动，他要写一封倡议书，向所有的同学发起倡议，让大家在国树评比中，为银杏投上一票。想着想着，他一笔一画地写下一行字——银杏应该是中国的国树。

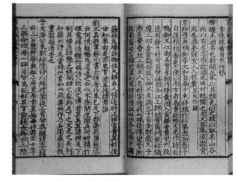

北宋阮阅《诗话总龟》中关于银杏的记载

　　伯伯看到了，笑着说："好，好！不过，你的理由是什么呢？请说给我听听。"

　　小金果站起来，俨然一位小专家，向伯伯演说起来："首先，银杏是世界上仅存于我国的植物，比恐龙还要早。恐龙早已灭绝了，银杏还活着。银杏是'活化石'，是植物中的'大熊猫'。"

　　伯伯点点头说："是的，银杏历史悠久，树种珍贵。"

　　小金果急忙接过话，继续说："我还没说完呢。银杏外形高大、奇特、端庄、美丽，尤其是在金色的秋季，给人以无限的遐想。银杏的用途很多，可以用于美容、

治病、保健、造屋，等等，使我们的生活更加健康美好。"

"对，银杏全身都是宝，对人类有很大贡献！"

小金果怀着崇敬的神情说："银杏不屈服于恶劣的环境和气候，甚至连原子弹的辐射都不怕，深深扎根于土壤，困难压不倒，受挫更坚强，这不就像我们中华民族的伟大精神吗！"

"真不简单！你对银杏的认识挺深刻的嘛。"

小金果抬起头，挥了挥手，望着屋外的银杏树，大声说："古往今来，不管在乡村还是在都市，银杏都受到赞誉，不管是平民百姓还是文人墨客，对银杏都情有独钟；银杏是友谊的使者，把中国人民的友谊传向世界各地。这么多人喜欢银杏，作为国树，银杏当之无愧！"

伯伯情不自禁地鼓起掌来，激动地说："银杏是中国的国树，我支持！我投上一票！"

大觉寺"一龙九子"银杏

后　记

完成一本有关银杏知识的少儿科普读物，是我早已想做的事。两年前，我就与相关老师聊起这件事，大家也觉得值得做，并且也认为有很多的趣味点可以写。可是说起来容易写起来难，我和身边的老师都是多年从事高等教育和林业科学研究的，对于少儿科普读物的创作可以说是一片空白。好在有出版过《中国银杏》、《中国银杏志》、《银杏》（画册）的基础，又悉心向相关的专家请教，并且认真地阅读、参考了一些少儿科普读物，当然，更重要的是大家都有一颗热爱银杏、热爱孩子的心。

编写和绘图工作是在炎热的暑假里进行的。创作之初，大家统一了认识：少儿科普读物不应该是板起面孔告诉孩子们一个个科学知识，而应该和孩子们平等交流。写作要从孩子们观察事物的角度入手，采用平实通俗的语言，多用比喻、想象等手法，尽量设置有趣情景，回避专业术语。阐述知识要通俗易懂，以引起小读者的兴趣。一本成功的少儿科普读物，同时也应起到对成人进行科普教育的效果。

由此，本书打破了少儿科普类读物延续的成人化编写模式的传统，在设法去除孩子们阅读障碍的同时，重视"原始创新"，采用儿歌、故事、照片、漫画多种元素的结合，采用卡通漫画形式，将文字表述同新鲜活泼、幽默风趣的画面巧妙组合，形成了一个个涵盖知识点的生动故事，激发少儿的阅读兴趣与信心。

现在，这本图文并茂的少儿科普读物终于完成了，为普及银杏知识做了一件有意义的事，大家都感到很高兴。

　　本书编写得到江苏少儿出版社副编审张玉培先生的指导和文字审读；南京林业大学中文系刘冬冰教授和卢振副教授参与了文字的审核；南京林业大学郑仁霞、陈蔚、祝遵凌、汪贵斌、张往祥、周永萍、郁万文、蔡金峰、王国霞等老师参与了部分文字的编辑和科学性的审核；江苏省农林职业技术学院的潘静霞老师和南京林业大学张倩、赵乔、丁卉、葛松云、何晓璞、成静、孙玉婷、张冉冉、陈雯洁、顾琴、郭婧、孔佩佩、丁玲玲、朱灿灿、熊壮、孙娇、陈珊珊、田亚玲、陈雷等同学参与了素材的收集和撰写等工作。在此，我向他们一一表示感谢。

　　江苏省诗词协会的陈永昌、李庆苏、冯亦同、赵钲老师和南京林业大学的秦天堂老师应邀为银杏创作儿歌，限于篇幅，我们仅选编了四首，在此也对他们的辛勤劳动表示衷心的感谢！

　　由于编者的学识和能力有限，《听伯伯讲银杏的故事》难免有一些谬误或缺憾，敬请读者不吝赐教。

曹福亮

2009 年 8 月 22 日于南京

 故事

构思和创作由曹福亮、周吉林、张武军、陈大亨等人完成。

摄影

P8 史继孔，P51 夏春胜，P52 邢世岩，P74 黄景江，

P85 马有基，P93 赵茂程，其他照片均为曹福亮摄影。

绘画

构思由曹福亮和卫欣等人完成，绘画由卫欣、荆彤、李小鸥完成。

Logo

构思由曹福亮、周吉林、卫欣等人完成，制作由姚爱强完成。